MICROSCOPE MICROMETRIQUE,

Pour divifer les Inftrumens de Mathematique,
dans une grande précifion.

GNÔMON HORIZONTAL,

INSTRUMENT ASTRONOMIQUE,

Pour prendre la Hauteur des Aftres jufques aux Tierces.

*Et l'Aplication des Lunetes Pinuléres aux Inftrumens
de la Géometrie pratique.*

*Avec un Moyen de faire des Obfervations fur les Tremblemens
de Terre, & de les pouvoir prédire.*

'ASTRONOMIE a toûjours été eftimée au deffus de la Phyfique, & des autres parties de Mathematique, foit par la contemplation de ces immenfes ouvrages de Dieu & de leurs mouvemens, foit par raport à la Navigation, à la Géographie, à la Chronologie & à plufieurs autres conéffances, de la perfection defquelles le genre humain lui-eft redevable.

J'ai eu dans ma jeuneffe une forte inclination pour cète fublime Sience, & confidérant qu'elle pouvoit être perfectionée en plufieurs maniéres, j'ai crû que l'aplication feroit loüable d'en chercher les moyens. J'ai fouhaité avec paffion d'être en place, ou en état par moi-même de faire des Obfervations Aftronomiques, & je n'aurois pas défefperé de les porter à quelque degré de perfection. J'ai reconu que leur précifion dépendoit de la bonté des Inftrumens, de leur grandeur & de leur exacte divifion, parce que la Terre n'eft qu'un Point en comparaifon du Ciel, & que les Aftres font d'un éloignement prodigieux. Il eft impoffible d'en fixer les diftances que tres-imparfaitement, à caufe de la petiteffe des Inftrumens, & c'eft ce qui produit cette grande variation dans les fentimens des Aftronômes.

Je favois que Tycho-Brahé & les plus fameux Obfervateurs ont été perfuadés de la neceffité des grands & des bons Inftrumens. Je conêffois auffi les inconveniens qui fe trouvent dans l'ufage de ces grans Inftrumens, les difficultés de s'en fervir, & la peine qu'il y a de les remuer & de les diriger, lors qu'ils ont huit, dix, ou douze piés de rayon, & que leur pefanteur y eft proportionée, qui eft quelque fois de plus de huit cent livres.

Ces raifons m'ont engagé à chercher les moyens de divifer les Inftrumens Aftronomiques dans une tres grande précifion, & d'en avoir de petits qui puffent faire l'éfet des grans. Il s'en eft prefenté à mon efprit de trois ou quatre manieres, fondées fur diferens principes. J'en ai parlé dans mon écrit de la *Pendule Perpetuelle*, imprimé en 1678. & dans ma Letre à Monfieur le Duc de C * * * * qui parut en 1679. fous ce titre, *Defcription d'une nouvelle Lunete & d'un Niveau tres fenfible;* je promis alors un moyen de prendre la Hauteur des Aftres jufqu'à une Seconde, par l'aplication d'une Machine à une autre, & de ces deux au Quart de cercle, & de donner la Fabrique d'un Compas pour faire des divifions dans la derniere exactitude.

J'ai diferé jufqu'à prefent de publier ces Inventions, parce que j'avois deffein de m'en fervir le premier, & de faire par leur moyen des Obfervations d'une jufteffe & d'une précifion extraordinaire. J'efperois toûjours que quelque ocafion favorable fe prefenteroit pour cela, mais je n'ai point eu le bon-heur de la trouver: foit que je ne l'aye pas recherchée avec affés d'empreffement, foit que la divine Providence en ait voulu difpofer autrement.

Je me fuis déterminé depuis peu à publier une de ces Inventions, pour faire conêtre que les chofes que j'affure, font réelles & folides, & que c'eft par envie ou par prévention que quelques Savans les ont traitées de *vifions, de promeffes en l'air, & de chofes naturellement impoffibles;* je me refoudrai peut-être auffi quelque jour à convaincre de fauffeté le pareil jugement qu'ils ont fait de ce que je publiai l'année paffée fur le MOYEN DE PERFECTIONER L'OUIE.

La premiere de ces Inventions que j'ai eu deffein de divulguer, eft un,

MICROSCOPE MICROMETRIQUE,

Pour diviser les Instrumens de Mathématique dans une grande précision.

GNÓMON HORIZONTAL,

ET

INSTRUMENT ASTRONOMIQUE,

Pour prendre la hauteur des Astres jusques aux Tierces.

Et l'Aplication des Lunetes Pinuléres, aux Instrumens de la Géometrie pratique.

Avec un Moyen de faire des Observations sur les Tremblemens de Terre, & de les pouvoir prédire.

Par M. DE HAUTE-FEUILLE.

A PARIS,

M. DCCIII.

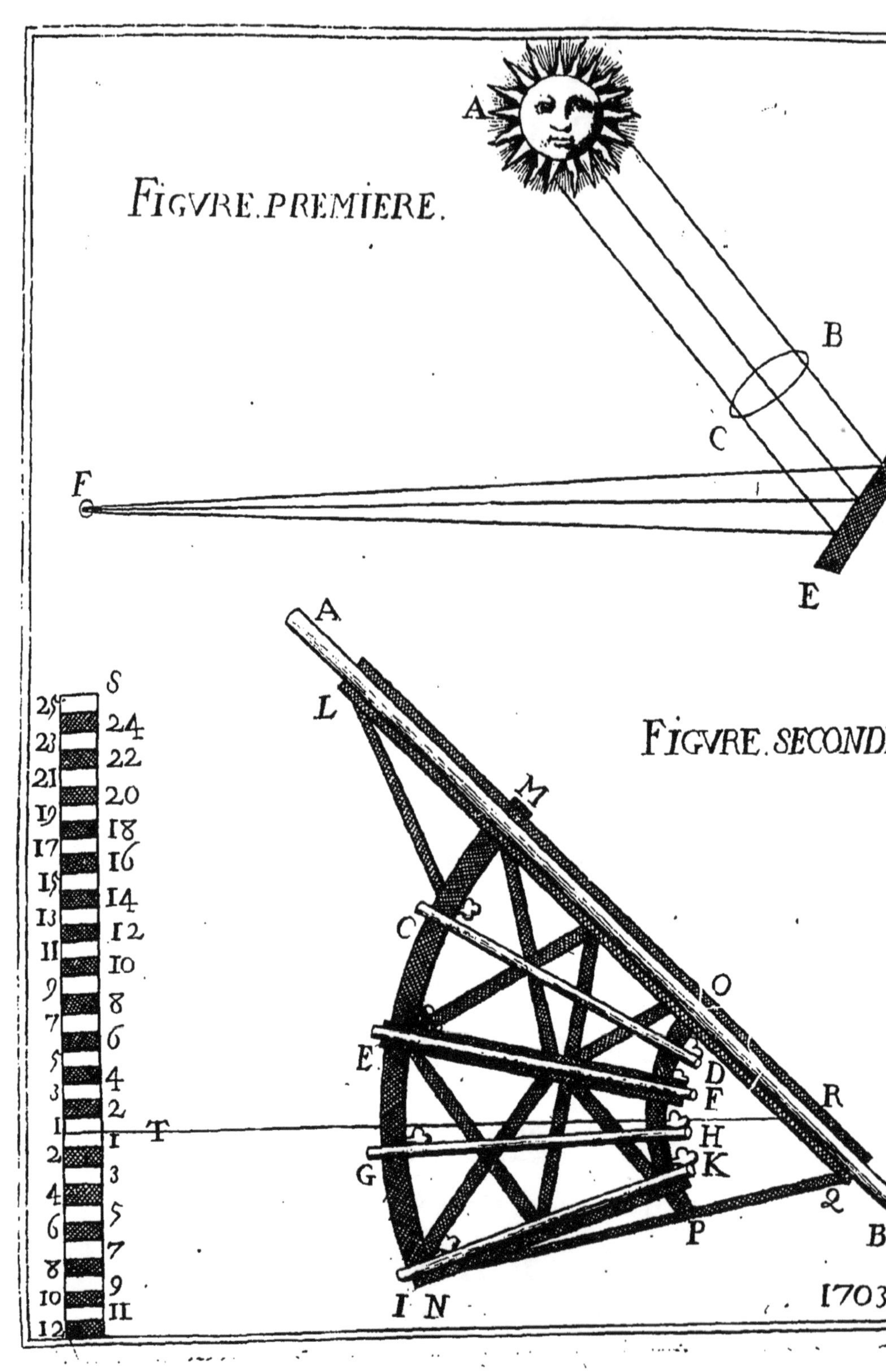

FIGVRE. PREMIERE.
A
B
C
F
E
A
L
M
FIGVRE. SECONDE
C
O
E
D
F
R
H
K
G
2
P
B
I N
1703
S
25 24
23 22
21 20
19 18
17 16
15 14
13 12
11 10
9 8
7 6
5 4
3 2
1 1
T
2 1
3
4 5
6 7
8 9
10 11
12

MICROSCOPE MICROMETRIQUE;

Ou Moyen de diviser les Instrumens de Mathematique dans une grande précision, & de prendre sensiblement la Hauteur des Astres jusques à une Seconde, avec un Quart de cercle, de trois piés de rayon.

LE Micrometre est une des plus belles Inventions de ce Siecle, dont l'Astronomie pratique tire de tres grandes utilités, & il le cede en peu de chose aux Pendules & aux Lunetes d'aproche.

Le Microscope est conu depuis lontems, le Micrometre est plus récent, inventé par Monsieur Petit, & perfectioné par Monsieur Auzout, celebres Mathematiciens du Siecle passé; mais depuis plus de trente ans, les Savans n'ont point pensé à unir ensemble ces deux Instrumens.

L'idée m'en est venuë à l'ocasion d'un grand nombre d'Observations que je faisois autrefois avec le Microscope, suivant que le hazard me presentoit des objets à la Campagne & dans mon Cabinet. J'ai fait des Lentilles si petites qu'elles grossissoient (si j'ose dire) infiniment les objets, & j'ai vu par leur moyen des choses tres-singulieres, & aussi curieuses que celles que quelques Savans ont publiées.

Je m'apliquois dans le même tems au Micrometre, & j'en faisois diferentes experiences; j'admirois la beauté de cete Invention, & en même tems sa petitesse, qui n'est presque rien en elle-même : ce qui fait conêtre que les plus petites choses disposées & apliquées d'une certaine maniere sont capables de produire de grans éfets : Enfin soit par hazard, soit par réflexion, il me vint en pensée d'unir le Micrometre au Microscope, & je fus persuadé que l'union de ces deux Instrumens auroit de tres grandes utilités.

Je distingue le Micrometre en Simple & en Composé.

Le premier sert de Pinules, & consiste en deux filets simples de ver à soye, lesquels se coupent dans le milieu à angles droits, & sont placés au foyer comun de l'Objectif & de l'Oculaire d'une Lunete.

Le Composé est fait de tréze fils de ver à soye, atachés avec de la cire sur un petit chassis de cuivre de deux pouces & demi de long, & d'un pouce & demi de large; ces fils sont paraleles, éloignés l'un de l'autre, de deux ou de quatre lignes, & tranchés par le milieu d'un autre fil de ver à soye qui les coupe tous à angles droits. Un second chassis sur lequel est ataché un seul fil paralele aux autres, glisse sur le chassis précedent dans une rénûre quarée, ou en queuë d'Aronde, &

il avance ou recule par le moyen d'une visse, en sorte qu'on peut aprocher ou éloigner ce fil seul des autres, tant & si peu qu'on veut.

Ce Micrometre sert à observer les Eclipses du Soleil & de la Lune, & à conêtre le nombre des dois Ecliptiques, à prendre les Diametres des Planetes, & à mesurer sur terre les petites distances qui ne passent pas un degré & demi.

Je remarquai un jour que ces fils de ver à soye se relachoient par la chaleur, devenoient ondés & tortus & ne tranchoient plus l'objet en ligne droite. Pour éviter ce defaut, je fis tremper ces filets dans de l'eau gommée ou détrempée avec de la cole, & je les apliquai sur un morceau de verre fort mince. Ce moyen me parut assez bon, quoi que le verre intercepte plusieurs rayons, & qu'il diminuë un peu la vivacité des objets, mais le hazard m'en fit trouver un meilleur en cachetant une letre; je vis que la Cire d'Espagne produisoit des filets aussi deliés que ceux des vers à soye, & considerant qu'ils n'étoient point susceptibles de l'humidité, je m'en suis toûjours servi. Quelques Astronômes employent des filets de verre qui sont alongés au feu de la lampe ou du fourneau, & qui parvienent à la finesse de ceux des vers à soye; mais les filets de la Cire d'Espagne ont cete comodité de pouvoir être faits avec facilité & dans un moment par toute sorte de persones.

Je mis d'abord deux fils posés en croix au foyer d'un Microscope à deux verres, j'aperçus qu'ils divisoient l'objet en quatre parties égales, & que le milieu étoit parfaitement bien designé par l'intersection de ces deux fils. J'en apliquai ensuite cinq, paraleles & également éloignés entr'eux sur un petit cercle de laton, vidé dans le milieu, & un autre en travers qui les coupoit tous à angles drois; Pour savoir si ces fils étoient tous dans une égale distance, je me servis de deux filets qui s'aprochoient & s'éloignoient par le moyen d'une visse, & les aiant mis au foyer du Microscope, je regardai deux des fils de ce petit cercle, & je fis en sorte que ceux du Micrometre les couvrissent dans toute leur longueur; je transportai ensuite le Microscope sur les autres fils de ce petit cercle, & j'en trouvai plusieurs qui n'étoient pas également espacés, quoi que j'ûsse aporté un grand soin à les metre tous dans une pareille distance; mais la petite diference qui s'y trouvoit & que je n'avois pu reconêtre à la vuë, étant multipliée plusieurs fois par le Microscope, & fixée par le Micrometre, paroissoit visiblement. Ce qui me donna lieu de les placer tous dans un parfait éloignement, & dont j'étois fort assuré.

Aiant remis ce cercle au foyer de mon Microscope, j'examinai les divisions d'un Quart de cercle qui me parurent presque toutes fautives,

quoi qu'il ût été fait par un tres habile Ouvrier. Je me servis auffi
de deux Microfcopes Micrométriques pour examiner les divifions é-
loignées, & pour cet éfet j'en apliquai fixement un au bout d'une
verge de fer: & j'en mis un autre qui gliffoit tout le long, & qui s'a-
rêtoit avec une viffe où je voulois. Je les mis fur deux divifions, &
je tranfportai un de ces Microfcopes fur une autre divifion, comme j'aurois fait les pointes d'un compas, elle ne me parut pas être exactement
placée : & allant de divifion en divifion, il s'en rencontra fort peu de
juftes. Je fuis perfuadé qu'on ne trouvera pas un feul Inftrument Aftronomique fait par quelque habile Ouvrier que ce foit, qui ne paroiffe
défectueux en l'examinant avec deux Microfcopes Micrométriques.

Les Faifeurs d'Inftrumens de Mathematique qui voudront divifer
un Quart de cercle dans une grande exactitude, fe ferviront de deux
femblables Microfcopes qu'ils atacheront fur un Compas à pointes
gliffantes, l'un immobile devant la pointe fixe, & l'autre vis-à-vis la
pointe mobile. Aprés avoir regardé dans un des Microfcopes, ils feront
avec la pointe un enfoncement ou petit trait fort delicat, que le filet
qui eft au foyer fera parètre coupé directement par la moitié; ils feront
ces points ou enfoncemens fort prés les uns des autres, en forte que
la bafe du Microfcope en puiffe embraffer deux ou trois, les Dé-
grez feront marqués à l'ordinaire, au deffus ou au deffous de ces
divifions.

J'ai propofé cete Invention à feu M^r l'Abé Picard, & aiant ocafion de lui écrire, je le priai de me mander jufqu'à quelle précifion il
prenoit les Hauteurs. Voici la Réponfe que j'en reçûs.

A Paris ce 11 Janvier 1677.

MONSIEUR,

,, J'ai diferé à vous faire reponfe . . . . . Quant à la dificulté que vous
,, me proposéz, je vous dirai qu'il eft vrai, qu'à trois piés de rayon le de-
,, gré ne vaut qu'environ huit lignes, mais que cela n'empêche pas que
,, l'on ne puiffe diftinguer tout au moins la huitiéme partie d'une Minute,
,, & fi je me fuis autrefois contenté d'un Quart, c'eft que je n'avois
,, pas befoin alors d'une plus grande jufteffe ou précifion. Voici un
,, raifonement que vous pouréz examiner. Un fil fimple de ver à foye
,, eft communément la cent vintiéme partie d'une ligne, comme vous

„pouvez voir par le moien d'un Microſcope. Or ſupoſé que le degré
„ſoit de huit lignes, & qu'ainſi la ligne contiene ſept Minutes & de-
„mie, il s'enſuit que chaque Minute doit contenir la largeur de ſeize
„filets de ver à ſoye, rangés côte à côte; & comme il eſt veritable que
„la groſſeur d'un tel filet peut devenir ſenſible par le moien d'une Loupe,
„il faut conclure que même la ſeiziéme partie d'une Minute à trois piés
„de rayon, pouroit être ſenſible, & d'ailleurs il n'importe pas que la
„ligne de foi ſoit plus groſſe que la partie de la Minute que l'on veut
„déterminer, ni que la Loupe groſſiſſe l'une & l'autre à proportion (ainſi
„que vous objectez,) car il ſuſit que par cete même Loupe on diſtingue
„l'endroit deſigné par le bord du filet qui ſert de ligne de foi, & que
„d'ailleurs on ſache la valeur de la partie qui eſt couverte par le filet.
„&c. En un mot l'experience journaliere nous fait voir à l'Obſervatoire
„qu'avec un Inſtrument de trois piés de rayon, on peut aller juſqu'à
„cinq Secondes. Lorſque vous ſerez à Paris, l'experience vous en fera
„plus voir dans un quart d'heure que je ne pourrois vous en écrire.
„je ſuis.

MONSIEUR

Votre tres-humble & tres
obeïſſant Serviteur.
PICARD.

J'ûs peine à croire que cet habile Aſtronôme prît diſtinctement
les Hauteurs juſqu'à cinq Secondes, parce que l'eſpace d'une ligne faiſant ſept Minutes & demie, ſi on la diviſe en quinze parties, chacune
contiendra trente Secondes: & pour en avoir cinq, il faudroit diviſer cete
quinziéme en cinq autres parties, dont chacune ſeroit la quatre-vint di-
ziéme partie d'une ligne, laquelle ne peut être aſſez augmentée avec une
Loupe pour être ſenſiblement aperçuë. La maniere de conêtre une
diviſion par le jugement, par comparaiſon & à peu près, eſt toûjours
ſujete à erreur, puis qu'une même perſone juge diferement en diferent
tems, à plus forte raiſon des perſones diferentes. On ne doit reconêtre
& aſſurer d'exacte diviſion que celle qui ſe voit toûjours ſenſiblement
la même, en tout tems & par toute ſorte de perſones.
Je ſupoſe au lieu de cinq Secondes, qu'un Quart de cercle de
trois piés de rayon donne ſenſiblement la Hauteur juſqu'à trente Secondes,

qui eft la quinziéme partie d'une ligne. Si on aplique fixement proche le bord où font les divifions, & à côté du fil perpendiculaire qui fert de ligne de foi, un Microfcope Micrométrique, ou qui ait dans fon foyer un petit cercle garni de cinq filets de ver à foye: il eft évident que cete quinziéme partie de ligne parêtra augmentée fuivant la proportion des verres; & fupofé qu'il faffe voir les objets quinze fois plus gros, cete quinziéme partie fera vuë diftinctement divisée en fix parties égales, qui font chacune cinq Secondes; & comme l'efpace, qui eft entre chacun de ces cinq filets eft de deux lignes, ou d'avantage, il s'enfuit que toute forte de perfones pourront apercevoir diftinctement & en tout tems la cinquiéme partie, & par conféquent avoir fenfiblement la Hauteur des Aftres jufqu'à une Seconde, avec un Quart de cercle de trois piés de rayon. En fe fervant d'un Microfcope qui groffiffe d'avantage, & en l'apliquant à un Inftrument de douze piés de rayon, on prendra la hauteur des Aftres jufqu'aux Tierces : puifque chaque Seconde y contient l'efpace d'un fil de ver à foye, que le Microfcope peut faire parêtre fenfiblement divisé en fix parties, qui font dix Tierces.

Ce Microfcope Micrométrique poura fervir dans l'Horlogerie & dans les Arts qui exigent de la précifion, & pour diftinguer une Médaille ou un poinçon faux d'avec un véritable; car quoi qu'il y ait des Graveurs affés habiles pour les contrefaire d'une maniere à tromper ceux qui s'y conêffent le mieux, il eft moralement impoffible qu'il les puiffent imiter fi parfaitement dans toutes leurs parties, qu'il n'y en ait pas quelqu'une plus proche ou plus éloignée de la cinquantiéme partie d'une ligne, laquelle peut être aperçuë par cet Inftrument.

Je m'étois proposé de ne publier que cete Invention, mais le Savant & curieux Ecrit de Monfieur Caffini, fur les Obfervations de l'Equinoxe du printems de cete année, qui fut lu à l'Affemblée publique de l'Academie Royale des Siences le 18e Avril dernier, m'a excité à donner encore au public l'Idée d'un Gnômon Horizontal, & la defcription d'un Inftrument Aftronomique pour prendre la Hauteur des Aftres jufqu'aux Tierces, & pour obferver les Equinoxes avec une plus grande précifion qu'on n'a pu faire jufqu'à préfent.

Le deffein de la Réformation du Calendrier que Notre Saint Pere le Pape, fait examiner prefentement, & en vuë de laquelle il a établi une Congrégation composée des plus Savans hommes d'Italie, m'a donné lieu de penfer que ces Inventions pouroient fervir à faire des Obfervations qui prouveroient la neceffité de cete Réformation.

Monfieur Caffini dit dans fon Ecrit que c'eft une afaire où l'on

» emploie les Maîtres de l'Art, qui demande l'inspection immediate du
» Ciel avec toutes les circonspections, & que sa Sainteté a fait construire
» exprés un Gnômon plus élevé que celui que Gregoire XIII. fit
» faire au Vatican, & qu'elle l'a jugé d'un si grande importance qu'elle
» l'a voulu faire conêtre à tout le monde & à la posterité, par une
» Médaille où il est figuré avec ces mots, GNOMONE ASTRO-
» NOMICO AD USUM CALENDARII CONSTRUCTO.

En éfet, on ne peut douter de l'utilité de ce Gnômon s'il donne
lieu de coriger le défaut de notre Calendrier, qui a retardé cete année la Fête de Pâque d'une semaine, & qui l'avancera de vint-huit
jours l'année prochaine 1704. mais il y a aparence que Notre Saint
Pere réformera une erreur si considerable, qui lui fut représentée il y
a trois ans par feu Monsieur le Prince de Monaco, alors Ambassadeur
de France à Rome, suivant les ordres qu'il en avoit reçus de Sa Majesté.

Monsieur Cassini assure dans cet Ecrit qu'il s'est trouvé, entre les
» Observations du dernier Equinoxe faites à Rome & à Paris, une di-
» ference de vint-trois Minutes, qui est provenuë de l'erreur de vint-
» trois Secondes, dans les Hauteurs meridienes du Soleil, que l'on à prises
» de part & d'autre, & qu'il est extrémement dificile de l'éviter, partie
» par la diversité des Instrumens, toûjours sujets à quelque peu d'erreur, &
» partie par la diversité des refractions.

» Il ajoute qu'Hiparque lequel n'aspiroit qu'à la subtilité qu'il croyoit
» possible, déclare que ses Observations (qu'il faisoit il y a 1848. ans) sont
» sujetes à l'erreur; que Prolomée dans l'usage qu'il fit des Observations
» d'Hiparque assure qu'il s'y en est pu glisser quelqu'une; que les erreurs
» des Anciens peuvent être encore augmentées de celles des Modernes,
» & qu'il est vrai que dans les calculs l'envie d'une plus grande justesse
» porte les Observateurs au déla des Secondes, & même des Tierces,
» mais que ces subtilités d'Arithmetique ne supléent point à celles qui
» manquent aux Observations Astronomiques.

Toutes ces remarques de Monsieur Cassini m'ont confirmé dans la
persuasion où j'étois, qu'on ne peut avoir des Instrumens trop exacts, que
leurs divisions ne peuvent être trop précises, & qu'il seroit d'une très
grande utilité pour la perfection de l'Astronomie & des conêssances qui
en dépendent d'avoir réelement & sensiblement la Hauteur des Astres
de Seconde en Seconde, & même jusqu'à 20 ou 30 Tierces.

On ne peut douter que ce ne soit le sentiment d'HEVELIUS, un
des plus fameux Astronômes du dernier Siecle, puis qu'il en parle dans
son Livre intitulé MACHINA CÆLESTIS, page 299. en ces termes:

Si

Si quisquam idem negotium ad ipsa Tertia redigere valeat, non solùm Astrosophis Universis gratissimum erit, sed tota Astronomia jugiter promovebitur, quod ut fiat, faxit DEUS Optimus Maximus!

Les Astronômes ont reconu de tout tems, que leurs plus grans Instrumens ne donnoient pas une précision assés exacte pour les Observations des Equinoxes, dans lesqueles, si on se trompe d'une Minute, on se trompe d'une Heure; & dans les Solstices, l'erreur d'une Minute cause celle de quatre Jours; ce qui a fait dire à Snellius que c'étoit un travail d'Hercule d'y éviter l'erreur d'un quart de jour.

Les anciens Observateurs, pour parvenir à une plus grande précision se sont servis de Gnômons, c'est à dire de l'ombre d'un stile fort élevé, ou de la lumiere du Soleil, qui passe par un trou rond d'environ deux pouces de diametre, fait dans une plaque de métail, posée horizontale-ment, & qui est reçuë dans un lieu obscur, sur un plan parfaitement de Niveau.

La Perpendiculaire du Gnômon, le Plan horizontal & le rayon du Soleil forment un Triangle rectangle, dont les deux côtés qui forment l'angle droit sont conus & mesurés. On conêt pareillement par la régle des Sinus, la Secante & les deux autres angles & celui qui est fait par le rayon du Soleil & la ligne qui tombe du Zénit sur le centre du Gnômon, auquel si on ajoûte la Réfraction trouvée, & le demi-dia-metre aparent du Soleil & qu'on ôte la Paralaxe, on aura la véritable distance du Soleil au Zénit; & si à l'heure de midi elle se trouve égale à la hautéur du Pôle, le Soleil sera pour lors dans l'Equateur, & autant de minutes qu'il y aura de plus ou de moins, l'Equinoxe sera éloigné du midi d'autant d'heures.

Le plus ancien Gnômon est atribué à Pithéas, qui le fit faire à Marseille deux cens seize ans, ou selon quelques-uns, trois cens vint-quatre ans avant la naissance de Jesus-Christ, du tems d'Alexandre le Grand, fondés sur ce que Strabon dit que les écris de Pithéas, déplûrent à Dicéarque, disciple d'Aristote.

Le Gnômon le plus élevé a été celui d'Ulug-Beigi, neveu du grand Tamerlan, qui vivoit en 1437. Sa hauteur égaloit cele du Temple de Ste Sophie à Constantinople, dont le Dôme est haut de cent quatre-vint piés.

Ignace Dantes, Religieux de l'Ordre de saint Dominique, Profeſſeur des Mathematiques dans le Colege de Bologne en Italie, & depuis Evéque, fit faire en 1576. dans l'Egliſe de S. Petrône un Gnômon haut de ſoiſſante & ſet piés Romains, pour prouver aux moins intelligens l'anticipation des Equinoxes, & la néceſſité de réformer le Calendrier, qui le fut par le Pape Gregoire XIIIᵉ en 1582.

Monſieur Caſſini étant Profeſſeur dans le même Colege de Bologne, remarqua pluſieurs defauts ſurvenus dans ce Gnômon, & en fit faire un plus élevé dans la même Egliſe en 1656. dont la Perpendiculaire eſt de mil pouces, meſure de Paris. Il a fait par ſon moyen pluſieurs Obſervations qu'il a publiées dans un écrit intitulé, *Specimen Obſervationum Bononienſium quæ noviſſime in D. Petronii Templo, &c.* Et le Pere Riccioli en a parlé amplement dans ſon *Aſtronomia Reformata.*

Plus un Gnômon ſeroit élevé, & plus la préciſion ſeroit grande, ſi les rayons du Soleil qui paſſent par ce petit trou n'aloient pas en s'écartant, & ne diminüoient point de Lumiere : ce qui fait qu'en arivant ſur le Plan, & y formant une Figure ovale de cinq ou ſix piés de diametre, il eſt dificile d'en diſtinguer l'ombre d'avec la pénombre.

Cet inconvenient & la dificulté de trouver des bâtimens d'une grande hauteur, & un lieu propre pour recevoir dans l'obſcurité la lumiere du Soleil, lors qu'il eſt au Meridien, m'ont engagé à la recherche d'un autre Gnômon : & j'ai penſé qu'il étoit poſſible de le faire Horizontal, en faiſant paſſer la lumiere du Soleil AB, Figure premiere, au travers de l'Objeſtif BC, & en la faiſant réflechir horizontalement par le Miroir plan DE, ſur un mur dont la face regarde directement le Septentrion, en F.

Il eſt certain que l'élévation & l'abaiſſement du Soleil parêtront ſur ce mur de la même maniere qu'ils feroient ſur un Plan horizontal, en ſe ſervant d'un Gnômon auſſi élevé, avec céte diference que plus le Gnômon ſeroit haut, plus la lumiere deviendroit foible, & il pouroit être ſi élevé qu'on ne pouroit plus la diſtinguer d'avec l'ombre. La même choſe ariveroit, ſi on augmentoit la grandeur du trou par ou paſſe la lumiere; mais en prolongeant le Gnômon Horizontal, l'ouverture des Objectifs eſt augmentée en même tems, & il paſſe au travers, un plus grand nombre de rayons, qui vont ſe réunir à leur Foyer.

Dans l'experience groſſiere que j'en ai faite avec un Objectif de 45. piés & un Miroir de verre pour marquer une ligne meridiene, j'ai aperçu l'ombre & la lumiere diſtinctement terminée : & j'ai lieu de croire que ſi cet Objectif ût été meilleur, & le Miroir de métal bien fait, ce Gnômon auroit produit un bon éfet.

La dificulté d'avoir d'excelens Objectifs de ſix cens, & de douze cens piés de Foyer, & des Miroirs parfaitement plans, ne m'a point paru une raison sufisante pour douter de la réussite de cete Invention. Monsieur Harsoëker enseigne, dans son Essai de Dioptrique, le moyen de faire d'excelens Objectifs de cete longueur, & il assure en avoir fait plusieurs de six cens piés, travaillés des deux côtés,& qui auroient eü douze cens piés s'ils ne l'avoient été que d'un seul. Mais suposé qu'il fut dificile de faire d'excelens Objectifs de cete longueur, les bons pouront sufire, & même les médiocres, parce qu'on est seulement obligé de diminuer leur ouverture, & que celle d'un médiocre Objectif peut faire parêtre la lumiere à son Foyer, distinctement terminée & sans confusion d'ombre & de pénombre, qui est tout l'essentiel en cete afaire.

Plusieurs Auteurs qui ont trêté de la Dioptrique, ont donné des Tables pour les ouvertures que doivent avoir les Objectifs. Mr Auzout en a fait une pour les excelens, une pour les bons, & une pour les médiocres. Mr Harsoëker donne à un Objectif de cinq cent soissante & seize piés une ouverture de douze pouces. Suposé qu'un médiocre Objectif de cete longueur ne puisse soufrir que huit pouces, ce seront plus de cinquante pouces quarés de lumiere : & quand il s'en perdroit un quart ou un tiers par la réflexion du Miroir, il en resteroit trente ou quarante pouces, qui se réunissans dans le Foyer à trois ou quatre pouces, seront capables d'y produire une sensation assés forte pour faire apercevoir l'ombre & la lumiere.

La situation de cet Objectif & de ce Miroir peut être de deux manieres, l'une fixe & l'autre mobile. La premiere, pour servir à une seule élévation d'un Solstice ou d'un Equinoxe, est facile à metre en pratique. La seconde, pour être propre à toutes les hauteurs du Soleil, en élevant ou en abaissant le Miroir, aura plus de dificulté; mais la Machine étant une fois bien construite, il sera facile de la metre tous les jours dans sa veritable situation.

DESCRIPTION D'UN INSTRUMENT ASTRONOMIQUE,

Pour prendre les hauteurs du Soleil & des Etoiles jusqu'aux Tierces.

Comme on ne peut avoir trop de moyens pour parvenir à la précision que demandent les Observations Astronomiques, je me suis apliqué à en chercher plusieurs, & j'en ai trouvé encor un, qui me parêt excelent par fa fimplicité & par fa précifion. Il confifte dans la difpofition de cinq Lunetes d'aproche marquées dans la figure feconde A B, C D, EF, GH, IK, lefquelles font atachées avec des viffes fur la portion du cercle M, N, O, P, Q, faite de bois, dont toutes les parties font jointes par des affemblages à l'ordinaire. Ces Lunetes tendent toutes au point R, centre de l'Inftrument. A cent piés de ce centre R, dans la ligne meridiene, eft un mât ou un mur, le long duquel on metra perpendiculairement une bande de cuivre, ou de quelqu'autre matiere; & comme il feroit dificile de la faire d'une feule piece, elle fera compofée de plufieurs bandes mifes les unes au deffus des autres, qui n'en feront qu'une feule de vint cinq piés, laquele fera divifée en parties egales de piés, de pouces de lignes & de demies lignes. Le point R & le point T font fupofés parfaitement de Niveau.

Lors qu'on voudra obferver la hauteur du Soleil dans le Solftice d'hiver, la Lunete A B, qui eft fixe & inébranlable, fera dirigée fur la divifion de la Lame ST, qui fait precifément la fin du quinziême degré, que l'on conêt certainement par le calcul & par les Tables des Sinus.

En même tems la Lunete DC, qui a un petit mouvement, fera mife fur le point T, commencement de la premiere divifion, ou elle fera arêtée par une viffe. On élevera enfuite la Lunete A B, au centre du Soleil, lors qu'il fera au Méridien, & regardant par la Lunete C D, on verra une divifion de la Lame tranchée, par le fil de ver à Soye, qui fera un certain nombre de degrés, de Minutes, de Secondes & de Tierces : lequel étant joint avec les quinze degrés, dont la Lunete A B, & la Lunete C D, font éloignées, donneront la hauteur jufte du Soleil.

Si on obferve cet Aftre dans le tems de l'Equinoxe, la Lunete C D, étant fur la divifion du quinziême degré, la Lunete E F, fera mife fur le point T, & arêtée avec une viffe : alors la Lunete A B, étant élevée au centre du Soleil, la Lunete E F, coupera une divifion ou un certain nombre de degrés, de Minutes, de Secondes & de Tierces, lequel étant ajouté avec les trente degrés, compris entre la Lunete A B, & céte Lunete EF, fera precifément la hauteur du Soleil.

On fera la même chofe pour l'Obfervation du Solftice d'Eté, c'eft à dire, qu'ayant mis la Lunete EF, fur la divifion du quinziême degré, on metra la Lunete GH fur le point T, où elle fera arêtée par le moyen d'une viffe, & la dirigeant enfuite fur le quinziême degré, la Lunete IK, fera mife & arêtée fur le point T : alors métant la Lunete AB, fur le centre du Soleil, la Lunete IK, tranchera la divifion d'un certain nombre de degrés, de Minutes, de Secondes & de Tierces, lequel joint à celui des foiffante degrés des quatre autres Lunetes, feront precifément la Hauteur du Soleil.

Il est facile d'apercevoir la raison pourquoi j'ai mis cinq Lunetes, en considerant que la lame ST, ne donnant par supofition que la hauteur de quinze degrés, il a falu pour avoir cele de trente, en metre deux; trois pour quarante-cinq, & cinq pour foiſſante & quinze. J'ai jugé inutile d'en metre fix pour avoir la hauteur de quatre-vint dix degrés, parce qu'elle s'obſerve rarement; On pouroit avec deux petites Lunetes, outre la grande, prendre toutes les hauteurs jufqu'à quatre-vint dix degrés, en métant l'une fur une face de l'Inſtrument & l'autre de l'autre côté, & en les tranſportant alternativement de quinze en quinze degrés ; mais cete adition de deux autres Lunetes, augmentant tres-peu la compofition de cet Inſtrument, elle en rend l'opération plus fimple & plus facile.

Si la Lame S T, ne contenoit que dix, ou que cinq degrés, il faudroit multiplier les Lunetes autant de fois que le nombre des degrés de la lame feroit contenu dans celui des degrés que l'on voudroit avoir par l'Inſtrument.

Il eſt viſible que cet Inſtrument eſt un Sextant, ou une portion de cercle de foiſſante degrés, qui a cent piés de rayon : & qu'il eſt auſſi facile de s'en fervir, de l'élever & de l'abaiſſer, que s'il n'avoit que fix ou douze piés de demi-diametre, puis qu'en éfet je fupoſe qu'il n'en a pas d'avantage, fi on excepte l'augmentation de la Lunete AB, qui eſt une fois plus longue. Les autres Lunetes feront un pié ou deux plus petites que le rayon, afin de donner lieu de pouvoir regarder dedans fans incomodité.

Les Géometres favent par le calcul & par les Tables des Sinus, combien un degré, une Minute & une Seconde, doit contenir de parties des diviſions de la Lame S T, & on la doit confiderer comme le Limbe d'un Inſtrument Aſtronomique, ou comme une Echele Altimetre. Si Mr l'Abé Picard a pu avec un Quart de cercle de trois piés de rayon, diſtinguer jufqu'à cinq Secondes, on peut croire qu'avec cet Inſtrument on poura apercevoir jufqu'à vint où trente Tierces.

La diſtance TR, que j'ai fixée à cent piés, poura être plus petite, & même n'être éloignée que de quinze ou vint piés. Alors les petites Lunetes feront des Microfcopes Micrométriques.

Céte diſtance pouroit auſſi être de cent toiſes, mais céte augmentation feroit inutile, fi on ne prolongeoit point la Lunete AB, que j'apele Pinulére, parce qu'en éfet elle fert de Pinules.

Une Lunete tres longue mife fur un Quart de cercle fort petit, auroit une précifion fuperfluë; car fupoſé qu'elle fût de cent piés & qu'elle fit apercevoir jufqu'aux Tierces, fi cet Inſtrument n'avoit qu'un pié de rayon, fon Limbe ne pouvant pas même marquer les Minutes, céte diſtinction des Tierces que donneroit la Lunete, deviendroit abſolument inutile. Il en feroit de même, ſi un Quart de cercle avoit cent piés de rayon, & qu'il n'ût pour Pinules qu'une Lunete d'un pié : parce que ne pouvant être hauſſée ou baiſſée avec la préciſion d'une Minute, la détermination viſible des Tierces, que donneroit le Limbe de cet Inſtrument, ſeroit incertaine, & par conſéquent inutile.

Il me ſemble que le celebre Hevelius n'a pas fait aſſés d'atention à ces deux choſes, qui lui auroient fait conêtre la préciſion & la neceſſité des Lunetes Pinuléres, que de Savans Obſervateurs lui aſſûroient ſurpaſſer trente ou quarante fois cele des Pinules ordinaires. Si ce Savant Aſtronôme y avoit fait réflexion, il auroit reconu que cete viſſe dirigeante, (*Cochlea Directoria*) ces rouës dentées & ces Eguiles qui tournent ſur un Cadran, qu'il apliquoit à ſes Inſtrumens pour prendre les hauteurs juſqu'à une Seconde, & même juſques aux Tierces, ne pouvoit produire cet éfet : cependant il en étoit ſi perſuadé qu'il dit à page 317. du Livre que j'ay cité,

Nimirùm me non dubitare, quin Germani Siderum Cultores, quibus Cœlum aliquantò penitiùs introſpicere, major anxiorque cura eſt, mihi aliquando inſignes pro univerſis iſtis Cochleis, Organis Aſtronomicis feliciſſimo ſucceſſu (DEO ſit Gloria) a me adhibitis, perſolverint gratias.

J'ai propoſé la même Invention des rouës & des pignons dans mon Trêté de la *Pendule perpetuelle*, mais j'en aperçûs bientôt le défaut, qui provient, outre le jeu des rouës, de la trop grande préciſion.

L'Invention que je publiai en 1678. pour acourcir les Lunetes d'aproche des deux tiers, par le moyen de deux Miroirs plans, que pluſieurs Savans ſe ſont depuis atribuée, quoiqu'elle ne réuſſiſſe point dans la pratique, pouroit ſervir en cete ocaſion : parce que le Soleil ayant toûjours trop de lumiere, on eſt obligé d'en amortir la plus grande partie avec des Verres colorés ou enfumés, & la perte des rayons qui ſe fera ſur les Miroirs plans, quelque grande qu'elle ſoit, ſera autant de diminué.

L'utilité de cete Lunete racourcie conſiſte, en ce que l'image du Soleil y eſt auſſi grande dans ſon foyer que dans celui d'une Lunete deux fois plus longue: ce qui donnera lieu de hauſſer ou de baiſſer cet Inſtrument avec une préciſion auſſi grande que ſi la Lunete AB, avoit dix-huit ou trente ſix piés.

On peut objeĉter que dans les Obſervations du Soleil, les Lunetes mediocres ſont plus comodes que les grandes, à cauſe que dans celes-ci l'œil ne peut embraſſer d'une ſeule vuë l'image entiere du Soleil, & que les longues Lunetes font parêtre le mouvement de cet Aſtre plus rapide.

Il ſufit que l'œil aperçoive un des bords du Soleil, lors qu'il friſe les filets du Micrometre: & cet Aſtre parêſſant au Meridien paralele pendant deux minutes, quelque viteſſe qu'il ait, on poura en apercevoir exaĉtement la hauteur.

Cet Inſtrument Aſtronomique ſervira auſſi à conêtre la quantité des Réfraĉtions, qui cauſent un tres grand embaras dans l'Aſtronomie, par ce qu'elles ſont diférentes dans les diverſes ſaiſons & dans les diférens païs, & qu'elles changent ſouvent dans un même jour : ce qui fait que les Obſervations des Aſtronômes ne ſe raportent preſque jamais, & qu'ils atribuënt quelques fois aux Réfraĉtions, les erreurs de leurs Inſtrumens & les defauts de leurs opérations. Les Obſervateurs qui ſe ſont apliqués à la préciſion, ont fait trois Tables des Réfraĉtions, pour l'Eté, pour l'Hiver & pour les Saiſons des deux Equinoxes. Ceux qui ne ſe ſervent que d'une ſeule Table pour toute l'année negligent l'exaĉtitude,& encore plus ceux qui n'ont égard ni à la Paralaxe ni à la Réfraĉtion, croyans que celle-ci,qui éleve l'Aſtre, compenſe celle là qui l'abaiſſe ; mais quand les Aſtronômes qui recherchent l'exaĉte préciſion auroient fait une Table pour tous les jours de l'année, elle ne ſufiroit pas. Il ſeroit neceſſaire qu'ils euſſent un Inſtrument qui leur marquât exaĉtement la quantité de la Réfraĉtion, dans le lieu où ils obſervent ; cet Inſtrument me parêt poſſible, & j'en ai imaginé un,qui peut faire apercevoir à la vuë & ſenſiblement la quantité de la Réfraĉtion juſqu'à dix ou quinze Secondes.

INSTRUMENT POUR PRENDRE LA
DISTANCE DES ETOILES,

POur prendre la diſtance des Etoiles fixes entr'elles, il faut avoir deux Lunetes égales, qui faſſent un angle, & qui puiſſent s'aprocher & s'éloigner comme les jambes d'un Compas. Ces Lunetes ayant été dirigées vers deux Etoiles ſeront arêtées fermes, & aprés l'Obſervation, on en dirigera une au point T, & l'autre ſur la diviſion de la Lame qui marquera le nombre des degrés, des Minutes, des Secondes, & des parties de Secondes, qui se trouvent entre ces deux Etoiles. Mais parce que cet Angle peut comprendre plus de degrés que n'en contient la Lame ST, il en faudra faire une autre, qui soit paralele à l'Horizon de telle longueur qu'on voudra, & qui aura à son extremité une seconde Lame tirée à angle droit, laquele déterminera & aura l'éfet du Quaré Géometrique.

Il est visible qu'en regardant les Etoiles, & ensuite la Lame perpendiculaire ou la Lame Horizontale, il faudra alonger le tuyau qui porte l'Oculaire : mais comme il s'agit ici d'une Seconde, & même de vint Tierces, ou ce qui est la même chose de l'épaisseur d'un fil de ver à soye & de sa troisiéme partie, on peut croire qu'en tirant le tuyau de l'Oculaire, il pourra varier de cet espace insensible, & causer quelque erreur. On l'evitera en doublant ces Lunetes, ou en metant dans un tuyau quaré deux Objectifs, & deux Oculaires, dont les uns serviront pour le Ciel, & les autres pour la Terre. Ces deux Lunetes, ou ces quatre, composent un Instrument Astronomique, sans Limbe, sans divisions, tres grand, tres leger, fort exact, & qui à toutes les perfections que peuvent souhaiter les Astronômes. Ils prendront par son moyen les distances des Etoiles fixes, leurs hauteurs Meridienes, & la hauteur du Pôle, qui est la base & le fondement de toutes les Observations Astronomiques, avec une précision à laquele aucun Observateur n'est arivé jusqu'à présent.

Tycho Brahé & plusieurs celebres Astronômes persuadés de la necessité absoluë des grands Instrumens pour l'exactitude des Observations Astronomiques, n'y ont épargné aucune dépense, quelque grande qu'ele pût être ; mais sachant par leur propre experience, que ceux de fer ou de cuivre devenoient impraticables, par leur grande pesanteur & souvent inutiles par les dificultés insurmontables de s'en servir, ils les ont fait faire de bois de chesne ou de noyer. Ils ont aporté toute leur industrie pour en faire bien joindre les parties par de bons assemblages & des tenons de fer; ils en ont fait incruster de lames de cuivre les principales parties, & enduire les autres de matieres résineuses & propres à empêcher l'humidité de s'insinuer dans le bois, & ils les tenoient continuelement envelopés dans des linges huilés. Mais quelque précaution qu'ils ayent pris, ces Instrumens de bois ne sont demeurés que tres peu de tems dans leur premier état de perfection, & leurs divisions ont été insensiblement alterées : & enfin aprés plusieurs experiences fâcheuses, ils ont reconu & établi comme une chose constante, que tous les Instrumens de bois de quelque maniere qu'on les fasse, doivent

être

être rejetés des Obſervations Aſtronomiques.

L'Inſtrument de bois, dont je viens de donner la deſcription, ne ſera point ſujet a ce defaut, quand même il ſeroit de Sapin, & continuelement expoſé à la Pluïe, aux Vents, & à toutes les injures de l'air, parce que les petites Lunetes ſe placent & ſe rectifient, lors qu'on veut obſerver; & il ne peut ariver aucun changement à ce bois en ſi peu de tems; ajoûtés qu'on peut encore les verifier aprés les Obſervations, ce qui eſt une choſe tres conſiderable.

J'ai dit que la ligne T R, doit être de Niveau; il n'y a pas encore longtems, que de tres habiles Aſtronômes ſe ſervoient, pour avoir un plan horizontal, d'un tuyau de fer blanc recourbé par les deux bouts & rempli d'eau, ce qui eſt ſans doute une opération longue & laborieuſe; mais, graces aux Lunetes Pinuléres, & à l'heureuſe aplication qui en a été faite à toute ſorte de Niveaux, on prend maintenant, avec beaucoup de facilité & de promtitude, deux points parfaitement de Niveau, diſtans l'un de l'autre de pluſieurs centaines de toiſes.

J'ai ſupoſé la diſtance T R, de cent piés. Il eſt facile de la meſurer actuelement, mais comme il pouroit ariver, que cete ligne ſeroit dificile à toiſer & interompuë par des haus & des bas, ou ſeroit même inacceſſible, j'ai trouvé un moïen de la meſurer avec une auſſi grande exactitude, que ſi elle étoit ſur un plan fort droit.

APLICATION DES LUNETES
PINULE'RES,
Aux Inſtrumens de la Géometrie Pratique.

DE même que l'aplication des Lunetes Pinuléres, a rendu les Niveaux beaucoup plus parfaits, j'ai penſé qu'en les apliquant aux Inſtrumens de la Géometrie & de l'Arpentage, on pouroit meſurer les lignes inacceſſibles avec une grande préciſion. Les Géometres & les Arpenteurs ſavent que le Triangle Equiangle, que forment ces Inſtrumens, eſt ſi petit, que ſupoſé qu'on s'y trompe d'une diviſion, l'erreur ſe trouve ſur la ligne inacceſſible d'un pié, d'une toiſe, ou d'une perche, ſuivant la meſure dont on s'eſt ſervi.

Lorſque ces Inſtrumens ſeront garnis de Lunetes Pinuléres, qui aprochent les objects, & qui donnent lieu de diriger le filet préciſément dans un point, le Triangle Equiangle ſe trouvera fort juſte, & les petites diviſions ſeront tranchées exactement. Mais quelque préciſion que puiſſe avoir ce Triangle Equiangle, il eſt ſi petit, en comparaiſon du grand qu'on veut meſurer, que pour peu que l'on ſe trompe dans une de ſes diviſions, l'erreur devient conſiderable dans la meſure de la ligne inacceſſible.

J'ai cherché le moïen d'éviter cete erreur, & je me ſuis aviſé de métre deux Lunetes aux deux extrémités d'un bâton de ſix piés de long, que j'ai pointées vers un objeсt ſupoſé inacceſſible ; ſans changer leur ſituation mutuelle, je les ai dirigées vers un autre objeсt, dont je me ſuis aproché, juſqu'à ce que les filets des Lunetes fûſſent réunis dans ſon milieu : & meſurant enſuite les diſtances de ces deux objeсts, je les ai trouvées preſque égales.

J'ai ajouté une troiſiéme Lunete à un des bouts du bâton, pour meſurer la largeur d'un batiment éloigné, en dirigeant deux Lunetes l'une à un bout du batiment & l'autre à l'autre bout: & tournant le bâton vers un objet acceſſible, les filets des ces Lunetes ont coupé deux objets, dont j'ai trouvé l'élognement égal à la largeur du batiment.

En aprochant ou en éloignant quelque peu ces Lunetes de l'objet, les filets parêſſoient toûjours unis. Cet eſpace qui étoit d'un pouce ou deux, que j'apele latitude, provenoit de la petite diſtance d'une Lunete à l'autre, qui eſt ſenſible ſur ce grand élognement. J'ai cherché le moïen d'éviter cete erreur quoique petite. Il faut avoir pour cela deux Inſtrumens compoſez chacun de deux Lunetes, l'une grande & l'autre petite, diſpoſées en maniere de compas, c'eſt à dire, qui puiſſent faire tel angle qu'on voudra, & pointer la grande Lunete vers l'objet inacceſ-ſible, & la petite vers un piquet mis ſur une chemin, dont on mé-ſurera la longueur, qui ſera priſe à diſcretion. On métra ſur ce pi-quet le ſecond Inſtrument, dont la grande Lunete ſera dirigée vers l'objet inacceſſible, & la petite vers le centre du premier Inſtrument.

On raportera ce ſecond Inſtrument ſans changer ſon angle, & aprês avoir tourné la grande Lunete du premier vers le piquet, on meſurera ſur la ligne marquée par ſa petite Lunete, une diſtance égale à la premiere, & on métra à l'éxtremité de cete ſeconde diſtance, le ſecond Inſtrument, dont la petite Lunete ſera dirigée vers le centre du premier.

Alors ces deux grandes Lunetes font un angle, à la pointe duquel métant une baguete, elle ſera coupée par leurs filets, & meſurant la diſtance de cete baguete au premier Inſtrument, on la trouvera pré-ciſément la même que cele de l'objet inacceſſible : en ſorte que ſur une ligne de cent toiſes, il n'y aura pas l'errêur de ſix lignes, ce qui n'a point encore été pratiqué avec tant de préciſion.

Quoique cete Invention ſoit la même que cele de l'aplication des Lunetes aux Niveaux, ſon utilité ſera beaucoup plus grande, parce que le Niveau eft borné à la conduite des Eaux, au lieu que l'Arpentage & la Géometrie pratique font d'un ufage continuel en paix & en guerre.

Quelques uns ont apliqué des Lunetes aux Inftrumens, pour prendre des angles fur terre plus exactement. Mais la maniere que je propofe eft tres diferente, & à quelque chofe de meilleur. Chaque Invention à fon mérite, celle qui eft plus utile au Public, & dont l'ufage devient plus comun, eft fans dificulté la plus eftimable. J'aurois pû donner une plus ample explication de ce moïen de mefurer les diftances inacceffibles, & en faire graver des figures, mais ce que j'ai dit fufira aux perfones intelligentes. Il fe poura trouver des Curieux qui perfectioneront cete Invention, & qui en inftruiront le Public.

Aprés les moïens que je viens d'expliquer pour prendre les hauteurs des Aftres; il eft inutile d'en propofer un moins parfait, qui confifte dans l'aplication de mon Niveau fur l'Alhidade d'un Quart de cercle; la liqueur en montant, marquoit le long des tuiaux perpendiculaires, les dégrés & les Minutes, avec plus de précifion que l'Inftrument feul ne pouvoit faire.

Le tuyau de verre à moitié plein d'air & de Mercure, dont Mr Helvelius s'eft fervi pour fon grand Quart de cercle horizontal mobile fait de cuivre, m'a donné cete idée. Je fuis perfuadé, que fi ce grand Aftronôme avoit eu conêffance de ce Niveau, qu'il l'auroit apliqué à cet Inftrument qu'il eftimoit beaucoup.

RE'PONSE,

Aux dificultés propofées par Monfieur Caßini.

La crainte de tomber dans le defaut afsés ordinaire aux Inventeurs, d'être prévenus de leurs penfées, & de n'en pas apercevoir le foible, m'a engagé de comuniquer cet Ecrit aux perfones intelligentes en ces matieres. Monfieur Caffini m'a fait l'honeur de me propofer plufieurs dificultés que l'on verra dans fa Letre, dont voici la copie.

Monsieur,

Je voudrois bien que le fuccez pût répondre à votre intention, mais

» ou trouverons-nous les ouvriers capables de divifer les Inftrumens avec
» cete éxactitude qu'elle demande ? Feu M. le Bas étoit l'homme du
» monde le plus exact dans les divifions; celui qui travailloit le mieux aux
» Microfcopes & aux Micrométres; il s'en fervoit autant que fon induftrie
» le permetoit.

»   Il entreprit de divifer pour moy un Quart de cercle de trois piés de
» rayon avec tout le foin imaginable. Après l'avoir divisé avec toutes les
» précautions, en l'éxaminant, il y trouva des fautes qu'il ne pouvoit pas
» foufrir. Il l'éfaça & le divifa de nouveau, il n'en fut pas encore content,
» il fit le même jufqu'à trois fois. Il étoit au defefpoir de ne pouvoir pas
» venir à bout de ce qu'il s'étoit propofé, & il vouloit recommencer la
» même maneuvre. Je lui dis qu'il étoit inutile, & qu'il n'en viendroit ja-
» mais à bout. Nos penfées font belles & bonnes, mais l'execution n'y ré-
» pond pas. Il faut fe propofer la plus grande jufteffe, & fe contenter de
» celle qu'on peut avoir.

»   Apres que la divifion auroit été faite par un Ange, il faudroit auffi un
» Ange pour fe fervir d'un tel Inftrument fans faute. Monfieur Hevelius
» avoit fait des Micrometres à rouës, pour foudivifer les Minutes en Secon-
» des & au delà. Il dit qu'ils étoient fi juftes, qu'en obfervant, ils faifoient
» plufieurs tours, avant qu'il aperçût dans les diftances, aucune variation. Je
» lui écrivis, que la divifion de ces tours étoit bien inutile, puifque dans la
» pratique, les révolutions entieres n'étoient pas même fenfibles. C'eft ainfi
» que d'autres ont propofé d'obferver jufqu'aux Tierces; quand ils ont mis
» la main à l'œuvre, ils fe font détrompés.

»   Les obfervations des objets terreftres, fe peuvent bien faire avec plus
» de jufteffe que celles des objets celeftes, qui non feulement font dans un
» mouvement continuel qu'il eft dificile de fuivre exactement, mais qui fe
» prefentent aux grands Inftrumens tout tremblans, à caufe de l'agitation
» de l'air par où paffent les rayons.

»   Dans le grand Gnômon de Bologne, l'image du Soleil eft agitée d'une
» vibration rapide, qui empêche de prendre les hauteurs du Soleil avec toute
» l'exactitude, que donneroit d'ailleurs la grandeur de l'Inftrument.

»   J'avois dreffé fixement à l'Obfervatoire un Objectif de cent piés à la
» belle Etoile *Capella*, pour l'obferver à fon paffage par le meridien, aïant
» fixé à fon foyer un Micrometre avec un fil horizontal, l'Etoile en paffant
» fautilloit au deffus & au deffous du fil, de forte que je ne trouvois pas
» plus de jufteffe pour la hauteur, à me fervir de ce grand verre, que d'un
» autre beaucoup plus petit, où cette agitation ne fut pas fenfible. Je ne
» laiffe pas, Monfieur, de loüer vôtre atention aux grandes exactitudes,

„ mais je ne dois pas diffimuler, puis que vous le voulez bien, les difficultez
„ que je trouve à parvenir à celle que vous prometez. Je fuis avec refpect,

MONSIEUR,

Votre tres-humble & tres obéïffant Serviteur.
CASSINI.

Le 12 Iuillet 1703.

Il poura fembler à quelques-uns, que Monfieur Caffini eft perfuadé,
que M. le Bas fe fervoit du Micrometre & du Microfcope joins enfem-
ble. Si cet ouvrier l'avoit fait, il n'auroit pas recommencé fon travail.
Mon fentiment eft, qu'apres avoir divifé ce Quart de cercle, il en a regardé
les divifions avec un Microfcope, qu'il travailloit dans la perfection, & qui
groffiffant beaucoup les objets, lui faifoit parêtre fenfiblement qu'eles
étoient mal placées. Il a pû même atacher deux Microfcopes fur une verge
de fer ou d'autre matiere, éloignés d'un certain nombre de degrés, & les
tranfportant fur un autre pareil nombre, ne les pas trouver juftes : ce qui
l'aura engagé d'éfacer ces divifions, & d'en refaire d'autres, qu'il aura exa-
minées de la même maniere, & y aiant trouvé les mêmes defauts, il aura
voulu effayer une troifième fois de mieux réuffir. Monfieur Caffini a u
raifon de l'empêcher de continuer cete manœuvre, puis qu'il ne feroit jamais parvenu à une précifion qui ût été à l'épreuve de fes Microfcopes.

La raifon en eft évidente : il fe fervoit de fes yeux pour divifer,
& l'erreur, qui pouvoit furvenir par le tranfport de fon Compas, ou
par quelqu'autre caufe, étoit fi petite, qu'il lui étoit impoffible de la remarquer ; mais en regardant ces divifions avec un Microfcope qui grof-
fiffoit peut être cinquante fois où davantage, il pouvoit fort bien a-
percevoir cete erreur. S'il ût joint le Micrometre au Microfcope,
il ne fe feroit point fervi de fes yeux immediatement pour placer ces
divifions, & les aiant placées par le moïen du Microfcope, il n'auroit
pu y apercevoir aucun erreur.

Un Ouvrier fort eftimé dans fon Art, m'a affuré qu'il avoit divifé
deux Quarts de cercle de deux piés de rayon, qui ne s'éloignoient, que
de cinq, de dix ou de quinze Secondes au plus, de l'exacte précifion, ce
qu'il eftime fi admirable, qu'il croit que le hazard y a u autant de
part que fon induftrie, & même qu'il ne voudroit pas s'engager à en
divifer d'autres avec une femblable précifion.

Si ces deux habiles Artifans n'ont pu parvenir à divifer un Quart
de cercle exemt d'erreur, que peut-on atendre des Artifans vulgaires?

Que peut-on esperer des Instrumens qu'ils auront divisés? & peut-on étabir un fondement solide, sur les observations qui ont été faites par leur moïen? J'entens parler des Observations qui demandent de la précision : car il est certain qu'à l'égard de quelques unes, il vaut mieux les avoir imparfaites & à peu prês, que de n'en avoir aucune.

La veritable & la seule objection, que l'on peut faire contre l'usage du Microscope Micrométrique, est la longueur du travail, & le grand nombre de fois qu'il faudra regarder dedans. Si pour diviser en deux parties égales une portion de cercle, & pour les vérifier apres la division, il y faut regarder huit ou dix fois, & peut-être d'avantage, à combien ira la division entiere de l'Instrument? Si un Ouvrier est un mois ou deux à le diviser à la maniere ordinaire, combien y sera t-il par cete nouvele ? Et s'il le vend cent Loüis d'or, combien coutera t-il étant divisé avec le Compas Microsco-Micrométrique ? Il y a peu de Curieux assez amateurs des Observations Astronomiques, & assez industrieux, pour entreprendre eux mémes un travail si long & si penible, & il y en a encore moins d'assez riches pour les acheter à un tel prix, à moins qu'ils ne soient gagés des Souverains.

Ces réflexions m'ont donné lieu de penser, que quelque excelent que fût l'usage du Microscope Micrométrique, pour la division des Instrumens Astronomiques, il lui manquoit la perfection d'être expeditif ; elles m'ont engagé à chercher un nouveau moïen qui ût la précision, la facilité, & l'expedition, & j'en ai trouvé un qui me paroit tel.

AUTRE MOYEN

De diviser les Instrumens Astronomiques à la simple vûë, en peu de tems, & avec une précision exemte de toute erreur.

Les Observateurs & les Ouvriers qui voudront diviser un Quart de cercle, en traceront la circonference d'un trait fort delicat, & marqueront d'une petit point le comencement du premier degré, & la fin du soissantiême, par la seule ouverture du compas, qui est justement la grandeur du demi-diametre, & une chose tres facile, & dans laquele il ne peut y avoir aucune erreur.

Ils feront ensuite un poinson à deux pointes égales & fort fines, qui seront les plus proches l'une de l'autre, qu'il leur sera possible, le poinſon ſera fait de telle maniere que les pointes ne pouront enfoncer plus à une fois qu'à une autre, quoiqu'on frape deſſus inegalement: Après avoir poſé une des pointes, ſur le comencement du premier degré, ils feront avec l'autre un petit enfoncement, dans lequel ils métront la premiere pointe, & en feront avec la ſeconde un troiſiéme: & continûront de cete maniere juſqu'à ce qu'ils ſoient parvenus proche la fin du ſoiſſantiéme degré, car ce ſeroit un grand hazard, ſi la pointe tomboit juſtement deſſus.

Aïant coınté tous ces poins ou petites diviſions, ils continûront de diviſer en començant non ſur la derniere diviſion, mais ſur le point du ſoiſſantiéme degré, juſques à ce qu'ils ſoient parvenus à la moitié du nombre qu'ils auront trouvé, & la derniere diviſion ſera proche le nonantiéme degré. Ils feront graver les chifres de ces petites diviſions de cinq en cinq, ou de dix en dix, juſqu'au ſoiſſantiéme degré, & recomenceront à ce ſoiſſantiéme, juſqu'au près du quatre-vint dixiéme. Alors ce Quart de cercle ſera entierement & parfaitement diviſé, quoi qu'il n'i ait point de Degrés, de Minutes & de Secondes.

L'Obſervateur aïant pris la hauteur d'un Aſtre, comtera le nombre des petis poins ou diviſions marquées par la ligne de foi, & il ſe ſervira du Calcul & de la Regle de Trois, pour conétre le nombre des degrés, des Minutes & des Secondes. Car ſi tant de ces diviſions, & tele partie d'une de ces diviſions font ſoiſſante degrés, tel nombre d'autres & leurs fractions donneront tant de degrés, de Minutes & de Secondes.

L'Arithmetique eſt ſi familiere aux Obſervateurs, que je comte pour rien cete petite péne. Ils pouront neanmoins faire graver les degrés, & ils ſe ſerviront pour cela du Calcul, parce que la diviſion en ſera beaucoup plus exacte, que s'ils ſe ſervoient du Compas à l'ordinaire; Mais dans les Obſervations, ils s'en raporteront plutôt aux petites diviſions qu'au nombre des degrés.

Les lignes tranſverſales que tous les Aſtronómes font metre ſur les Inſtrumens, ne donnent aucune préciſion par eles mémes, & quoi que leurs diviſions parêſſent plus élognées l'une de l'autre, eles ſont réélement auſſi proches que dans la circonference des degrés, & il y a toûjours la méme dificulté de diſcerner cele qui eſt coupée par le filet & ſi l'ouvrier s'eſt trompé dans la premiere, toutes les autres de la meme ligne feront fautives.

Leur préciſion eſt à peu près de la nature des roües dentées, que quelques uns ont voulu ajoûter aux Inſtrumens Aſtronomiques & au Micrometre. Une marque évidente de l'inutilité de ces roües, eſt que Mʳ Hevelius n'apercevoit aucune variation dans les diſtances, quoique les Eguilles de ſon Micrometre fiſſent pluſieurs tours. Ce fameux Aſtronôme conſideroit come une perfection, ce qui étoit une veritable imperfection, il eut pu facilement le conêtre en faiſant réflexion que ces roües étant multipliées, marqueroient les quatrièmes, les cinquièmes & à l'infini.

Cete maniere de diviſer par de petits poins égaux fort près les uns des autres, n'exigent des ouvriers que leur vûë ſimple, ou tout au plus celle d'une loupe; cependant ils pouront employer très-utilement le Microſcope Micrometrique, pour conêtre la fraction qui eſt proche le ſoiſſantiéme degré, qu'on ne peut ſavoir trop exactement; pour graver les degrés & les minutes; & pour ſervir de ligne de foi, en l'atachant immobilement comme j'ai dit, afin que par ſon moyen un Inſtrument de trois piés de rayon fáſſe le même éfet, que s'il avoit vint ou trente piés de demidiametre. Il eſt viſible que céte préciſion n'eſt pas aparente & infinie, come celle des Roüés dentées & des lignes tranſverſales, & qu'au contraire elle eſt réelle & bornée.

Il eſt évident que tous ces points ſont également éloignés l'un de l'autre, & qu'un Quart de cercle diviſé de cete façon à une préciſion auſſi exacte qu'on la peut ſouhaiter, puis qu'il eſt impoſſible d'y découvrir aucune erreur, & qu'il n'y a point de Microſcope Micrométrique qui puiſſe y en faire apercevoir; & ſuppoſé que le Microſcope en fit remarquer quelqu'une, ce ne ſeroit plus alors une erreur, puis qu'on la pouroit coriger.

Les Obſervateurs peu habiles de la main & les Artiſans les plus groſſiers ſeront capables de la metre en pratique, & ils pouront diviſer un Quart de cercle en moins d'une ſemaine, ce qui rendra les Inſtrumens Aſtronomiques communs, & donera occaſion à un grand nombre de perſones de s'apliquer aux Obſervations celeſtes.

Il eſt vrai que les Savans propoſent quelques fois des penſées belles & bonnes, & que l'execution ny répond pas. Les Livres ſont remplis de ſemblables propoſitions. Les Hiſtoires des Academies de France & d'Angleterre, & les Journaux des Savans de toutes les Nations, contienent un grand nombre de ces ſortes de pensées qui ne réuſſiſſent point dans la pratique. A l'égard de cete maxime qu'il faut ſe propoſer la plus grande juſteſſe, & ſe contenter de celle qu'on peut avoir; elle ne doit point être opoſée à la recherche que les Savans peuvent faire d'une plus grande perfection. Si les Modernes s'étoient contentés de ce qu'avoient les Anciens, les Arts & les Siences ne ſeroient point parvenus où ils ſont préſentement.

Monſieur Caſſini me fait une objection inſurmontable, lors qu'il dit qu'apres que la diviſion auroit été faite par un Ange, il faudroit auſſi un Ange pour ſe ſervir d'un tel Inſtrument ſans faute.

Je

Je m'assure que peu de gens prendront cete objection à la letre. l'Astronomie pratique exige comme plusieurs Arts un grand usage, beaucoup d'adresse & d'industrie; mais ceux à qui la Nature a donné ces talens, pourront parvenir à cete exacte précision, s'ils ont des Instrumens parfais; & quand ils auroient l'adresse des Anges, il leur seroit impossible d'y ariver, si leurs Instrumens étoient défectueux.

A l'égard du tremblement des Astres causé par l'agitation de l'air, il y a des tems dans l'année où elle est moindre & fort petite, & peut-être insensible. Mais quand pour l'éviter, on seroit réduit à une Lunete de cinquante piés ou au dessous, cete longueur donnera une précision assés grande pour prendre les hauteurs jusques aux Tierces.

Les Savans de ce siecle découvriront peut-être de meilleurs moïens que ceux dont je viens de donner l'explication; & s'ils ne font pas assés hureux, il faut esperer que la posterité les trouvera.

Quod ut fiat, faxit
DEUS OPTIMUS
MAXIMUS!

Moyen de faire des Observations sur les Tremblemens de Terre, & de les pouvoir prédire.

Uelques Auteurs raportent que les anciens Philosophes pouvoient prédire les Tremblemens de Terre : si cela est, les Modernes sont fort élognés de l'habileté des Anciens. Les desordres éfroïables arivés depuis peu dans Rome & en d'autres endrois d'Italie, ont donné lieu aux Savans de ce païs-là de faire des réflexions sur ce Phénomene. Voici ce qui est dit dans la Gazete d'Holande du cinquième de ce mois de Mars 1703.

„ Le Pape aïant fait venir au Palais les plus habiles Mathématiciens,
„ils conférérent fur le Tremblement de Terre dont cet Etat a été batu,
„& conclûrent que la Terre n'eft point encore rafermie, ce qui fait crain-
„dre de nouveles fecouffes. Monfieur Banchieri a fait devant fa Sainteté
„une fuputation par laquelle on peut prévoir le Tremblement de Terre un
„quart d'heure avant qu'il fe faffe : Et alors le Pape fera fonner la Cloche,
„pour avertir les gens de fe tenir fur leur garde.

Je ne fai point quel eft le calcul de M. Banchieri, ni fur quel principe il
eft fondé, mais il me parêt certain que pour prédire les Tremblemens
de Terre, il faut avoir fait un grand nombre d'Obfervations, & je n'ai point
conéffance, que les Savans de ces derniers fiecles ayent eu la penfée d'en
faire, ni qu'ils ayent propofé aucun moïen pour cela.

Il y a déja quelques années que celui dont je vais parler m'eft venu
dans l'efprit. Je ne l'ai point publié, croïant qu'il feroit d'une médiocre
utilité & peu eftimé des curieux, parce que ces friffons de la Nature, fi
j'ofe me fervir de cete expreffion, font rares dans les païs Septentrionaux
de l'Europe, & je doute qu'on y en ait vu de femblables à celui qui ariva
il y a quarante ans dans le Canada, fur le bord Septentrional de la Ri-
viere de S. Laurent, dont il refte d'étranges marques, & l'on y voit encore
de grands arbres renverfés pêle-mêle dans une vafte étenduë de païs.

Ce moïen confifte à laiffer en experience un baffin pofé horizontale-
ment, plein de Mercure révivifié de Cinabre. Ce baffin fait de Terre ou
d'une autre matiere propre à le contenir, aura des bords fort larges, fur
lefquels feront huit cavitéz ou vafes profonds, avec des rénûres qui iront
de celui du milieu à ceux des bords.

Il eft évident que lors qu'il arivera un Tremble-Terre, le Vif-argent
coulera dans quelqu'un de ces vafes, & il y en entrera plus ou moins, felon
qu'il fera fort ou foible : on en déterminera les degrés fuivant la quantité
du Mercure, en le pefant, ou en le métant dans un petit tuïau de verre divifé en plufieurs parties.

Une autre proprieté confidérable de cete experience eft qu'elle fera
conêtre l'inclination de la Terre, & le côté du monde ou elle a comencé
de s'élever : parce que fi le vafe dans lequel a coulé le Mercure regarde
le Septentrion, c'eft une marque certaine que la Terre s'eft élevée du côté
du Midi. Si on fait cete experience en plufieurs endrois, on conêtra l'o-
rigine du Tremblement & le lieu où il a comencé : parce que la Terre y
étant élevée de tous côtés, le Vif-argent tombera dans des vafes qui regar-
deront diférentes parties du monde.

Voici la maniere dont je penfe que ce moïen fervira à prédire les Tremblemens de Terre, dont la caufe qui les produit n'eft pas encore connuë

des Philofophes ; les uns l'atribuant à des Vents fouterrains , les autres
à un air renfermé qui fe rarefie , & d'autres,à des Soufres, des Bitumes &
à de pareilles matieres qui s'enflâment. Il eft vrai-femblable qu'avant que
ces Tremblemens arivent, la matiere qui les caufe fait plufieurs petis
éfors, lefquels étant trop foibles ne peuvent rompre & foulever la partie
de la Terre qui doit trembler. Si ces éfors la foulevent de trois ou quatre
lignes,où même d'un pouce ou deux, ils ne produiront que des Tremblemens infenfibles, & dont qui que ce foit ne poura s'apercevoir ; mais
le Mercure qui eft dans ce baffin, étant près de fe répandre de tous côtés
tombera quelque peu dans un des vafes, & plus ou moins à proportion
de la grandeur de ces éfors.

Ce Vif-argent fera couvert d'une glace de verre, pour empêcher l'a-
gitation du vent & les Philofophes l'obferveront en obfervant le Barometre, le Thermometre, &c. Lors qu'ils en apercevront quelque peu dans
un des vafes, ils en marqueront la quantité & le remetront auffi-tôt dans
le baffin. S'il en tombe plufieurs fois de fuite en petite quantité, ils juge-
ront alors, que la Nature travaille, & fait de petis éfors dans les entrailles
de la Terre. Si le Mercure répandu augmente confidérablement, ils con-
jectureront le Tremble-Terre imminent,& apres plufieurs obfervations ils
parviendront à prédire le tems auquel il arivera. Si après le Tremblement
il tombe de nouveau un peu de Vif-argent dans ces petis vafes, ce fera une
marque que la Terre ne fera point encore rafermie , & qu'il faudra crain-
dre de nouveles fecouffes.

Supofé que la caufe des Tremblemens de Terre foit femblable à celle
des Mines chargées de poudre à canon, qui font leur éfet dans un inftant,
il ne tombera pas une feule goute de Mercure avant le Tremble-Terre.
Si la chofe étoit ainfi, il ne fe feroit come dans les Mines, qu'une feule fe-
couffe ; mais l'experience fait conêtre qu'il en arive d'ordinaire plufieurs.
On peut plus vrai-femblablement comparer ce Phénomene à celui du
Tonnere, qui fait plufieurs éfors réiterés, avant que le plus grand paroiffe
& que la nuë créve. Il y a grande aparence que l'un & l'autre de ces éfets
eft produit par des matieres fulphureufes & falines qui s'enflâment fuc-
ceffivement : & on peut croire qu'il fe fait auffi plufieurs effors dans l'in-
terieur de la Terre.C'eft une chofe vulgaire,que pour découvrir une Mine
ou une Contre-Mine, on met fur le lieu fufpect un Tambour avec des
Dez deffus, & que leur frémiffement fait conêtre que l'on travaille fous
ce terrain là. Si les médiocres coups des Inftrumens dont on fe fert dans
ces Mines, produifent cet éfet, on peut croire que les éfors que la Nature
fait dans les Tremblemens de Terre, qui nous paréffent petis, mais qui font
grands en eux mêmes, deviendront fenfibles par la chute de ce Mercure.

Ceux qui dans la guerre des Anciens & des Modernes tiennent le parti de ces derniers, nieront le fait, & ne demeureront point d'acord que les premiers aïent pû prédire les Tremblemens de Terre. Cependant on pouroit penser que les anciens Philosophes ont conu le moyen que je viens de proposer, & qu'ils en ont fait un grand nombre d'Observations & d'experiences, dont ils ont tiré des lumieres pour prédire les Tremblemens. Peut-être aussi qu'ils se sont servis d'un moyen plus parfait, lequel est maintenant inconu, caché dans son principe & dans la Majesté de la Nature, suivant l'expression de Pline, dont il pouroit être retiré si les Savans de ce siecle s'apliquoient à sa recherche. Ce seroit une découverte tres digne de leur aplication, & plus curieuse à mon sens, que celle du retour périodique des Cometes, que les Astronômes modernes assurent pouvoir être prédites : & elle seroit beaucoup plus utile, particulierement dans les païs sujets aux Tremblemens de Terre.

J'ay imaginé un autre moyen, composé d'un Perpendicule de rouës dentées, & d'éguilles ; mais celui que je viens d'expliquer me parêt plus simple. On le rendra plus sensible en le faisant à l'imitation du Niveau que j'ai publié en 1679. qui est composé de Mercure & d'Huile de Tartre, contenus dans un tuïau de verre de diférente capacité.

On poura se servir de deux ou de quatre de ces Niveaux, en donnant à chacun une situation particuliere à l'égard des quatre parties du monde. Ils seront remplis d'Huile de Tartre jusqu'au bout qui sera recourbé, afin qu'elle puisse tomber dans un petit vaisseau que l'on metra dessous. Ceux qui conêssent la fabrique de ce Niveau, vêront clairement qu'il tombera quelque peu d'Huile de Tartre dans la plus petite émotion de la Terre. Quand elle ne s'inclineroit que d'une ligne, il sortiroit du Niveau dix lignes de Liqueur, ou même d'avantage, suivant la longueur & la proportion des bouteilles & du tuïau. C'est ce principe qui produit la grande sensibilité du Barometre double, & qui rend ce Niveau beaucoup plus sensible & plus exact, (toutes choses proportionées) qu'aucun de ceux qui ont été inventés jusqu'à present.

FIN.

www.ingramcontent.com/pod-product-compliance
Ingram Content Group UK Ltd.
Pitfield, Milton Keynes, MK11 3LW, UK
UKHW020001130726
13694UKWH00005B/2016